AF313284

...IONS OUVRIÈRES

... ...position universelle de Londres en 1862

# RAPPORTS

### DES DÉLÉGUÉS

# DE LA CARROSSERIE

## Menuisiers, Charrons, Forgerons
## et Selliers

### PUBLIÉS PAR LA COMMISSION OUVRIÈRE

**Paris, 50 centimes. — Départements, 60 centimes**

## PARIS

SE TROUVE RUE BOUCHER, 6,

Et chez les membres de la Commission ouvrière.

1863

## NOTE DE LA COMMISSION OUVRIÈRE

Les délégués des diverses spécialités de la carrosserie ayant exprimé le désir de voir réunis le rapport des menuisiers et celui des charrons, forgerons et selliers , nous avons accédé à ce vœu en les faisant suivre d'après l'ordre de la construction. Nous saisissons l'occasion de la publication des rapports pour adresser nos remercîments à ceux des ouvriers de la carrosserie qui nous ont prêté leur concours pour faire procéder aux élections dans leurs corporations respectives. Les bureaux électoraux, composés, pour les menuisiers, de MM. Durand père, président ; Barassin , vice-président ; Bary , secrétaire ; Parvet, trésorier ; Baffert, Cauchois, Deliot, Fuzeau, Hodencq, Lecler, Lutrin, Larchet, Mulbacher, Majesson, Millet, Wallerand, assesseurs ; et pour les charrons, forgerons et selliers , de MM. G. Laplanche, président ; F.-A. Dolet, vice-président ; Ytrop et Labadille, secrétaires ; Lemaître, Lamby, Monier, Chatellier, Morel fils, Brulé, Tironneau, Rouveau, assesseurs , ont fait procéder aux élections avec cet ordre et cet ensemble d'idées qui sont venus confirmer une fois de plus les grands progrès accomplis au sein des classes ouvrières.

La souscription organisée par le bureau électoral de la menuiserie a produit 363 fr. 40, qui ont été versés à la Commission ouvrière.

Celle organisée par le bureau électoral des charrons, forgerons et selliers a produit 386 fr. 15 c., qui ont été ainsi répartis :

| | |
|---|---:|
| Versé à la Commission ouvrière.................. | 330 fr. 45 c. |
| Dépenses d'imprimés pour les élections, etc......... | 55   75 |
| Total égal.............. | 386 fr. 15 c. |

Les membres de la Commission ouvrière :

CHABAUD, président, rue Dauphine, 34 ;

WANSCHOOTEN, vice-président, rue Doudauville, 35 (La Chapelle) ;

GRANDPIERRE, secrétaire, rue de la Chopinette, 36 ;

DARBENT, rue Montmorency, 5.

Paris, 21 février 1863.

# RAPPORT

DES DÉLÉGUES

# DE LA CARROSSERIE

## MENUISIERS EN VOITURES

MESSIEURS,

A la suite de notre voyage à l'Exposition de Londres, nous venons vous soumettre le résultat de nos observations et de nos études. Nous avons apporté à ce travail les soins les plus consciencieux.

Nous ne ferons pas l'historique de la voiture, cet historique se trouve dans tous les ouvrages spéciaux, nos recherches n'auraient fourni aucune donnée nouvelle. Cependant nous ne laisserons pas échapper l'occasion de dire quelques mots de la menuiserie en voiture; nous représentons plus particulièrement les ouvriers de cette industrie, et nous tenons à montrer qu'il y a parmi eux nombre d'hommes laborieux et habiles qui ont fait faire à cette branche de la carrosserie d'immenses progrès.

Jusqu'en 1830, l'industrie de la menuiserie resta à peu près stationnaire; les ouvriers ne travaillaient qu'au moyen de calibres qui leur étaient donnés et que bien souvent ils auraient été embarrassés de faire eux-mêmes; la routine était leur seul guide. La forme des voitures étant toujours la même, on s'appliquait à faire disparaître les fautes qui avaient été commises dans un travail précédent : c'était tout; de la théorie, pas un mot. Cependant on commença à se servir de plans, mais seulement pour tracer quelques mortaises et quelques longueurs de traverses; on donnait bien le plan de profil, mais dans des conditions telles que pour s'en servir il fallait toujours la routine.

Vers 1839 ou 1840, parut une voiture de forme nouvelle, nommée Wourtz. Sa coupe, beaucoup plus cintrée que celle des voitures précédentes, compliqua le travail ; sa construction par l'ancien procédé était presque impossible. Cette difficulté donna aux progrès une activité nouvelle. La théorie devenant indispensable, il fallut bien l'apprendre. Les ouvriers les plus capables étudièrent la géométrie dans ses rapports avec leur industrie. Bientôt les avantages résultant d'une mesure sûre et rationnelle furent appréciés de tous. Les plus habiles instruisirent les moins avancés, et aujourd'hui il n'est pas un ouvrier qui ne connaisse non-seulement le tracé, mais encore les principes qui s'y rattachent. La routine a disparu pour faire place au raisonnement. Le travail a gagné énormément en élégance, en solidité ; et avec une grande économie de temps et de matières premières on fait bien mieux qu'auparavant.

Cette heureuse amélioration est tout entière due aux ouvriers ; et si les patrons en retirent des avantages considérables, ils doivent leur en être reconnaissants.

Ce qui précède explique l'état où se trouve actuellement la menuiserie en voitures.

Nous arrivons à notre sujet, c'est-à-dire à l'Exposition de Londres.

Nous commencerons par indiquer les nations qui ont envoyé des voitures à l'Exposition et le nombre des voitures exposées.

Angleterre, 82 ;
France, 12 ;
Belgique, 4 ;
Hollande, 4 ;
Italie, 1 de cérémonie ;
Prusse, 3 (1 de gala) ;
Suède, 4 ;
Pologne, 2 ;
Danemark, 2 ;
Australie, 1 ;
Russie, 4.

Les voitures anglaises, placées dans un endroit favorable, n'ayant pas eu à souffrir des avaries d'un voyage lointain, présentaient un aspect charmant. Leur fraîcheur les faisaient distinguer des voitures des autres pays et attiraient d'abord les yeux et l'examen du visiteur. Cependant nous sommes convaincus que, pour le goût, la forme et la légèreté, la carrosserie française égale, si elle ne la surpasse, la carrosserie anglaise. Nous étudierons donc cette question avec soin. Pour les autres nations, il nous a été impossible de nous procurer les prix de revient et de vente.

N'oubliant pas que nous avions surtout à nous occuper de menuiserie, et ne pouvant la juger à l'Exposition sous la peinture et la garniture, nous nous sommes mis en mesure de parcourir les ateliers des carrossiers anglais.

Disons d'abord que nous avons été reçus avec la plus grande sympathie ; les ouvriers anglais ont montré l'empressement le plus bienveillant à nous édifier sur chaque chose. Nous leur en faisons ici nos remercîments sincères, et nous prions ceux de nos camarades qui seraient en rapport avec des ouvriers anglais de leur faire par réciprocité bon et cordial accueil.

La menuiserie anglaise n'est pas inférieure à la nôtre comme solidité, la matière première étant toujours chez eux employée dans de bonnes conditions ; mais chez nous la construction et les assemblages sont mieux combinés et mieux raisonnés que chez eux.

Pour la charpente de la caisse, ils emploient le frêne ; il est de même qualité que le nôtre, et vaut, comme chez nous, de 12 à 14 fr. le décistère.

L'orme américain, pour les côtés de coffres et joues de fond, est payé également le même prix qu'en France.

Pour les panneaux, ils se servent d'acajou qu'ils tirent de leurs colonies ; ce bois est supérieur à notre noyer pour les parties peu cintrées de la caisse ; une fois en place, il peut résister à la chaleur et à l'humidité.

Il vaut à peu près en Angleterre le prix de notre noyer en France, c'est-à-dire 20 à 30 fr. le décistère.

Pour les pavillons et les doublures, ils emploient le sapin d'Amérique, qui est d'une grande largeur et sans nœuds.

Sauf le frêne, tous les bois qu'ils emploient, et surtout l'acajou, sont plus doux et plus faciles à travailler ; cette facilité de travail donne à l'ouvrier anglais un avantage en moyenne de 20 p. 100 sur l'ouvrier français, obligé trop souvent d'employer des bois dans de mauvaises conditions et présentant, pour être utilisés, des difficultés réelles.

De ce qui précède, il résulte que les fabricants français n'ont pas à craindre la concurrence anglaise, les prix des matières premières étant les mêmes. Quant à l'acajou, nous croyons qu'on pourrait se le procurer en France au même prix que le noyer, à peu de chose près.

Le prix de la main-d'œuvre donne encore aux fabricants français un grand avantage sur les fabricants anglais.

La façon d'une caisse de voiture est payée chez nos voisins près du double qu'en France, en tenant compte de la ferrure de la caisse que chez nous le menuisier ne fait pas.

Cette différence ressort du tableau comparatif suivant, qui présente d'une manière évidente l'énorme infériorité du salaire de l'ouvrier en France, relativement à celui de l'ouvrier en Angleterre.

| ANGLETERRE | FRANCE |
|---|---|
| Prix d'une caisse de coupé trois quarts, avec la ferrure, 400 fr. | Prix d'une caisse de coupé trois quarts, avec la ferrure, 220 fr. |
| Temps de l'ouvrier pour faire la caisse et la ferrure, 57 jours de dix heures à 7 fr. | Temps de l'ouvrier pour faire la caisse, y compris la ferrure, 49 jours à 4 fr. 50 c. |

La journée en France, payée au prix de la journée en Angleterre, serait donc de........................... 8 f. 16 c.

De plus, 20 p. 100 résultant de l'avantage du bois, comme il est dit plus haut................ 1    63

Ce qui ferait une journée de................ 9 f. 79 c.

Le tableau ci-dessus n'a pas besoin de commentaires, ces

chiffres sont exacts, et si nous ajoutons que les choses nécessaires à la vie sont, à peu de chose près, aussi bon marché en Angleterre qu'en France, on pourra se faire une idée des avantages considérables des ouvriers anglais sur nous, au point de vue du bien-être ; ces avantages permettent à l'ouvrier de donner à son ouvrage des soins plus attentifs ; il n'est pas obligé de se livrer à un travail qui, souvent exagéré, épuise ses forces et le vieillit avant l'âge ; sa nourriture est plus saine, plus abondante, il peut consacrer plus de temps à la vie de famille et à la culture de son intelligence. Cependant, nous l'emportons sur eux pour le tracé et le fini du travail. Nous avons étudié avec conscience des caissés commencées, montées et ragrayées (ou finies), partout nous avons constaté, de la part de nos ouvriers, une habileté plus grande, un goût plus parfait ; la méthode qu'ils emploient remonte à une époque déjà éloignée, où la science du trait était à peu près inconnue.

Si notre faible voix pouvait être entendue, nous émettrions le vœu qu'un plus grand nombre de nos carrossiers concourussent à l'avenir aux expositions internationales. C'est là une arène où tous les hommes intelligents et amis du progrès doivent tenir à honneur de combattre ; nous sommes convaincus que si tous les fabricants français avaient exposé, la carrosserie française aurait occupé avec justice le premier rang. Que si on nous objecte qu'en soumettant ses produits à l'examen et à l'approbation de tous, le fabricant livre aux autres des idées qu'il a recherchées et trouvées, nous répondrons à cette objection souvent répétée qu'elle est parfaitement égoïste, ennemie de tout perfectionnement et qu'en outre la masse des fabricants gagneraient à une exposition plus large, l'exposition se faisant sur une plus grande échelle et donnant à nos produits une réputation universelle.

# DES VOEUX ET DES BESOINS

## DE LA CORPORATION

Pour répondre à la question des besoins et des vœux de notre profession, nous croyons utile de dire quelle est cette profession, de quelle manière elle est exploitée ;

Combien l'ouvrier pour devenir capable doit déployer d'intelligence, de persévérance et de sacrifice de temps ;

Et enfin, arrivant au but, quel est son salaire.

Disons tout d'abord que le travail du menuisier-carrossier se fait à la pièce.

Il entreprend à façon une caisse de voiture, ayant pour auxiliaires un ou deux compagnons au plus. Il est entièrement responsable de son travail.

Il y a des fabricants carrossiers qui occupent des menuisiers chez eux, et, en outre, des patrons menuisiers qui travaillen pour des fabricants ou pour des marchands de voitures.

Après trois années d'apprentissage, le jeune ouvrier (ou compagnon) travaille pendant six ou huit ans avec des piéçards, apprend à ses frais, chez des professeurs spéciaux, le dessin et l'art du trait, où chaque opération est un problème de géométrie qu'il résoud, pour ainsi dire, sans connaître les principes fondamentaux de la science qu'il applique.

Le voici piéçard à son tour ; est-ce à dire qu'il n'a plus d'étude à faire pour atteindre le maximum du salaire ? Non, car il lui faut encore de trois à cinq ans de pratique, et quelquefois plus, pour prendre rang parmi les habiles, puisqu'il doit à la fois être architecte et ouvrier.

Après quinze années passées pour savoir complétement son état, son salaire est-il en rapport avec son mérite ? Nous prenons le tarif de 1841 qui nous régit encore, revisé, il est vrai, en 1856, mais d'une manière insignifiante, puisque cette révision ne s'est opérée que sur les accessoires, tandis qu'elle aurait dû porter sur le corps de la caisse.

Nous croyons donc être dans le vrai en disant que la journée de dix heures de travail est en moyenne de 4 fr. 50 (1).

Quelle est donc la cause pour laquelle une profession qui demande de si sérieuses capacités est si peu rétribuée ?

C'est la concurrence déplorable que se font certains patrons au profit de celui qui traite directement avec l'acheteur.

Mais nous pouvons leur rendre cette justice, qu'ils ne s'enrichissent pas à notre détriment; depuis trente ans il n'est pas à notre connaissance qu'un seul patron menuisier se soit retiré, par son industrie proprement dite, avec une modeste aisance.

Cette concurrence prit surtout de l'extension après la fusion des petites voitures. En 1856, la Compagnie impériale des petites voitures en commanda cinq cents sur la place de Paris, livrables à une époque très-rapprochée.

Les compagnons, profitant de l'occasion, firent élever leur salaire; ceux qui les occupaient se plaignirent, et les patrons offrirent aux piéçards 10 et 15 p. 100 au-dessus du tarif.

En acceptant cette apparente augmentation, les ouvriers firent une faute grave, car le moment était favorable pour la révision du tarif, si nous avions été réunis en société corporative.

Cette grande commande amena dans nos ateliers de nouveaux ouvriers, pris dans des professions similaires, et fit de nouveaux patrons. Quand elle fut terminée, il y avait des bras en trop ; les compagnons, par leur facilité de changer d'atelier, conservèrent le prix de leur journée; ce fut heureux, car la vie était devenue plus chère pour eux comme pour les piéçards; mais ces derniers se virent retirer les 10 et 15 p. 100 au-dessus du tarif qui leur avaient été accordés. Disons cependant, pour rester dans le vrai, que quelques maisons conservèrent à leurs menui-

(1) De plus nous ferons remarquer que le piéçard doit fournir un outillage dont la dépense monte à 300 francs.

siers ce qu'ils leur avaient donné dans un moment de presse.

Pour prouver combien cette concurrence est déplorable, voici à quels prix certains patrons vont offrir et livrer leurs produits.

Il entre dans la caisse d'un petit coupé 100 fr. de matières premières; prix de façon d'après le tarif déjà défectueux, 146 fr. Total : 246 fr. Eh bien! il en est vendu 260 et même au-dessous du prix de revient.

On pourrait encore citer d'autres exemples. Qu'on y réfléchisse, un pareil état de choses entraîne forcément la faillite pour le patron et la misère pour l'ouvrier.

Nous le demandons, notre industrie une fois lancée sur cette pente ne peut-elle pas perdre sa prépondérance sur les marchés étrangers? car il ne suffit pas de produire à bon marché, il faut encore que les produits soient établis dans de bonnes conditions; et comment le seraient-ils si le prix de façon n'est pas en rapport avec ce qui est nécessaire à l'existence du producteur?

---

BUDGET DE RECETTES ET DE DÉPENSES DE L'OUVRIER MARIÉ
AYANT DEUX ENFANTS

Sur 365 jours, il faut diminuer, dimanches.    52 jours.
Jours fériés, pertes de temps pour les affaires et chômages forcés,    35
           qui font.    87 jours.

De 365 ôtez 87, reste 278 jours de travail.

| | *Recettes.* | F. | C. |
|---|---|---|---|
| 278 jours à 4 fr. 50 font par an. | | 1,251 | » |

*Dépenses.*

|  | F. | C. |
|---|---|---|
| Loyer. | 250 | » |
| Nourriture restreinte, par jour, 3 fr., qui font par année. | 1,095 | » |
| Entretien, par jour, 75 cent.; par année. | 273 | 75 |
| Chauffage et éclairage. | 50 | » |
| Frais d'école, pour papiers et livres, chez les frères ou chez les sœurs. | 30 | » |
| Total des dépenses. | 1,698 | 75 |

Il faut donc, pour couvrir le budget des dépenses, que l'ouvrier fasse douze et treize heures de travail par jour, comme nous l'avons déjà fait remarquer, ce qui le prive de pouvoir s'instruire et lui enlève les quelques instants qu'il pourrait donner à sa famille ; de plus, il faut que la mère, qui doit s'occuper du blanchissage, de l'entretien des effets, du linge de ses enfants et de son mari, prenne sur son repos le temps de travailler encore, pour aider aux besoins du ménage.

Ici nous comptons sans la maladie, car quand elle arrive, c'est la misère profonde.

Quels sont donc les moyens d'empêcher l'abaissement des salaires, de même que la décadence de notre industrie ?

Ce serait d'abord une chambre syndicale ou consultative dans le corps du métier, que cette chambre fût mixte, composée mi-partie de patrons et mi-partie d'ouvriers nommés par le suffrage universel.

Les deux parties réunies, l'on pourrait discuter les points litigieux d'un tarif, qui est dans les conditions les plus déplorables, en ce sens qu'il n'est ni assez explicite ni assez détaillé, et que, dans le cas d'appel aux prud'hommes, il ne peut être donné de solution qu'à la suite de rapports d'arbitres faisant exclusivement partie de la profession des menuisiers-carrossiers, attendu que, dans ces jugements, les arbitres appelés font partie de la chambre syndicale des carrossiers, qui, en définitive, ne peuvent être compétents, puisqu'ils sont à la fois juges et parties.

C'est pourquoi nous demandons qu'il siége au conseil des prud'hommes un patron et un ouvrier, afin qu'ils puissent soutenir nos intérêts communs et nous départager.

En second lieu, une société corporative où tous les hommes consciencieux et désintéressés viendraient se grouper dans le but de venir en aide à la maladie, à la vieillesse, par une caisse de retraite, et à ceux d'entre eux qui se trouveraient sans occupation, soit par le chômage forcé, soit par l'insuffisance des prix offerts au-dessous d'un tarif qui n'est déja plus en rapport avec les besoins actuels.

Elle aurait aussi pour but le perfectionnement de notre industrie, comme théorie et pratique dans l'exécution du travail, car elle réunirait les ouvriers les plus habiles dans la profession, et, par ce moyen, ils pourraient étudier les difficultés et préparer un chemin facile aux jeunes ouvriers qui ont un grand désir de connaître leur industrie dans tous ses perfectionnements.

Enfin, former une grande famille corporative ayant pour principe : aide et protection par tous et pour tous ; et pour devoir : travail, honneur et moralité.

Mais que l'on sache bien qu'il n'entre pas dans notre pensée d'empêcher un ouvrier en dehors de notre société de venir faire le travail d'un sociétaire, parti de chez un patron pour une difficulté de prix.

Non ! Quel sera cet homme, si, comme nous le disions plus haut, tous les hommes de bonne volonté sont unis pour la prospérité de tous ? Ce sera un ouvrier d'une inconduite ou d'une incapacité notoire qui, allant d'atelier en atelier, viendra travailler à meilleur marché dans un autre, ou bien un égoïste ne méritant aucun intérêt.

Nous le disons donc avec conviction :

Le progrès de notre industrie et l'équilibre de nos salaires dépendent, quant à présent, d'une chambre syndicale, d'une prud'homie et d'une société corporative.

Nous comptons sur la bienveillance de l'Empereur en faveur de la classe ouvrière, pour qu'il nous permette cette organisation.

Nous demandons aussi qu'au centre des 8e, 16e et 17e arron-
dissements, il soit tenu des cours analogues aux cours des arts
et métiers, pour le développement de l'art dans l'industrie.

Tels sont nos vœux qui, nous en avons la conviction, peuvent
se réaliser sous un Gouvernement qui a pour base le suffrage
universel, et pour principe la prospérité de tous.

Paris, le 13 octobre 1862.

> Dupont, rue de l'Arcade, 65 ; Gemptel, rue de
> la Ferme-des-Mathurins, 23 ; Laillet, avenue
> des Ternes, 34 ; Palley, rue du Colisée, 19.

# RAPPORT

DES DÉLÉGUÉS

# CHARRONS, FORGERONS ET SELLIERS

## CONSIDÉRATIONS GÉNÉRALES

Dire à des ouvriers : « Nous, vos collègues, nous vous déléguons la mission d'aller examiner les produits de votre industrie, confondus parmi ceux de toutes les nations, les étudier, les comparer, les juger, » c'est leur dire : Vous ferez appel à toutes vos connaissances industrielles, à l'expérience que vous avez acquise ; vous ferez taire un moment tout esprit de nationalité, de camaraderie, sans vous inquiéter si votre jugement peut déplaire à quelqu'un, soit patron, soit ouvrier, même s'il doit ou non nuire à votre intérêt personnel, ou si plus tard on peut vous rendre le réciproque de votre jugement ou critique ; en un mot, c'est leur dire : Nous voulons connaître la vérité, ayez le courage de votre opinion pour nous la faire connaître.

C'est après avoir compris ainsi notre mission, que nous nous sommes mis à l'œuvre.

La première chose qui nous a frappés, c'est le petit nombre de produits exposés par la France, comparativement à l'importance de son industrie carrossière, et au nombre des produits exposés par la carrosserie anglaise.

Pour la France, onze fabricants ont exposé douze voitures ; dans ce nombre figure la Compagnie générale des Omnibus de Paris et deux fabricants des villes de Lille et de Périgueux.

Pour l'Angleterre, soixante-quinze carrossiers ont exposé quatre-vingts voitures, réparties comme suit :

Pour la ville de Londres, quarante-trois carrossiers ont exposé quarante-huit voitures.

Pour la province, trente-deux carrossiers ont exposé trente-deux voitures.

Nous pouvons dire que celui qui ne connaît pas très-bien la carrosserie française, se fera une idée fausse de son importance s'il la base sur le petit nombre de produits exposés. Certes, la quantité n'est pas toujours une preuve de supériorité; néanmoins, si nous voulons lutter avec la carrosserie anglaise, qui est généralement bonne, il est indispensable qu'un plus grand nombre de spécimens de nos produits soient mis en regard des leurs, afin d'ôter aux visiteurs deux impressions nuisibles aux intérêts de notre industrie.

La première impression sera celle-ci : La carrosserie française peut être bonne, mais elle est sans importance.

La deuxième, bien plus mauvaise que la première, car elle s'est produite parmi certaines personnes compétentes : la carrosserie anglaise efface la carrosserie française.

En effet, au premier point de vue, la carrosserie anglaise efface la carrosserie française, pourquoi? parce que la France a fait comme un marchand qui, pour soutenir la concurrence de son voisin, n'ouvre qu'un volet de sa boutique et dérobe une partie de sa marchandise à l'œil du consommateur, tandis que l'autre l'ouvre à deux battants et laisse voir tous ses produits.

Si la ville de Paris avait produit ce qu'elle pouvait raisonnablement produire, si les principales villes de France avaient suivi cet exemple, nous aurions paru dans l'arène avec des armes égales, et nous sommes convaincus qu'alors personne n'eût pu dire : La carrosserie anglaise efface la carrosserie française.

Nous venons de dire que cette impression fâcheuse se produisait au premier point de vue; mais si l'on fait abstraction de l'ordre, de la symétrie avec laquelle sont posées les voitures anglaises dans la galerie spéciale qui leur est réservée, et de la mauvaise disposition du placement de nos voitures, dont les unes sont cachées par les autres, dans une galerie où des produits de toutes natures se trouvent confondus et mêlés; en un mot, si l'on prend, une à une, les voitures françaises pour les mettre côte à côte avec un nombre égal de voitures anglaises de même nature, et qu'on examine avec soin, en détail, les produits des deux nations, le prestige disparaît, l'illusion s'efface et fait place à la vérité que nous résumons ainsi :

La carrosserie anglaise et la carrosserie française rivalisent d'action et de goût, se sont deux athlètes qui luttent sans pouvoir se renverser, faisant pencher la victoire tantôt d'un côté, tantôt de l'autre.

Le degré de supériorité que nous reconnaissons à la carrosserie anglaise, c'est qu'elle produit plus d'innovations que la nôtre pour la carrosserie bourgeoise; mais si nous parlons de la carrosserie affectée au service public, tel que chemins de fer, omnibus, etc., la carrosserie française est supérieure à la carrosserie anglaise.

Ceci posé, nous passons à l'examen des voitures exposées par la France.

La première voiture que nous examinons est une jolie berline à flèche et à huit ressorts, de la maison Noingeard, de Paris.

Cette voiture est de bon goût dans son ensemble, elle pourrait avoir un charronnage un peu plus léger, principalement dans la tête de flèche ; les roues sont bien traitées et ont de bonnes proportions ; la serrurerie est belle, le montage très-régulier.

La garniture de cette voiture est simple, régulière, de bon goût, etc., surtout d'un confortable satisfaisant, ce que nous rencontrons rarement dans les voitures anglaises.

Sous le n° 1055, M. Cliquenoix, de Lille (Nord), a exposé une grande calèche à deux siéges et à main, montage dit à neuf ressorts.

Les bois sont un peu forts et leur tournure n'est pas de premier goût ; la serrurerie, quoique un peu matérielle, est mieux favorisée que le charronnage du train seulement, car les roues sont bien faites ; les ressorts de derrière ont une charnière double ayant la forme d'un O, ce qui ne paraît pas offrir un grand avantage sur le ressort à charnière simple.

Le travail de la sellerie laisse beaucoup à désirer, non comme façon, mais comme disposition, comme ensemble ; le cerceau de derrière est beaucoup trop bas, bien qu'on l'ait fait ainsi pour qu'il recule moins quand on déploie la capote, et laisser plus

1..

d'entrée au siége : c'est réformer un défaut pour en créer un plus grand ; non-seulement l'œil en est blessé, mais les personnes de l'intérieur s'en trouvent mal à l'aise ; on pouvait parer à cet inconvénient par des moyens connus en carrosserie, soit en reculant le siége, en faisant une galerie plus basse, soit enfin un mode d'éventail raccourcissant le déploiement du cerceau de derrière.

L'intérieur est garni d'un beau reps blanc à dessin qui le rend très-coquet ; mais le matelas à la Voltaire, qui garnit le fond de la caisse, est trop fort ; il prend autant de place qu'il en laisse sur la parclose.

Cette voiture a beaucoup d'ornements en plaqué blanc et autre genre ; on voit du reste qu'elle a été faite avec soin, que rien n'a été épargné tant en marchandises qu'en façon.

De Périgueux, sous le n° 1054, il a été envoyé par M. DUFOUR une petite calèche à coffre et à neuf ressorts.

L'ensemble de cette voiture est bien, le détail laisse à désirer ; le bois de l'avant-train est un peu roide de dégagement, ce qui ôte de la grâce ; les roues sont très-ordinaires, les ferrures sont bien faites, la garniture est mal disposée.

La maison BELVALETTE FRÈRES, n° 1045, a exposé un beau landau à pincette devant, quatre ressorts derrière, avec mains sous les brancards.

La seule observation que nous avons à faire c'est que le train de derrière est un peu long, il y a beaucoup de tasseau sur l'essieu ; nous avons trouvé la volée et les bouts d'armont trop forts, mais cela peut entrer dans la combinaison du carrossier comme pièces principales devant offrir plus de solidité.

La capote déploie parfaitement, la garniture est simple et bien faite.

M. BECQUET, de Paris, n° 1046, a exposé une calèche à huit ressorts avec flèche en fer.

Le montage de cette voiture est bien raisonné ; le charronnage, le train et les roues sont convenables, la serrurerie ordinaire.

Nous apercevons un produit du carrossier actif, de l'innovateur intrépide qui, déjà plusieurs fois, a reçu des récompenses dues à son intelligence et à celle des ouvriers qui l'ont aidé dans ses recherches, c'est un dorsay, nº 1051, de la maison Moussard et Compagnie.

La caisse a un devant arrondi, elle est montée sur un train à dix ressorts, la flèche est en fer avec un col de cygne donnant passage à la roue, l'avant-train a des bois cintrés en avant d'environ quinze centimètres, ce qui a permis de faire un train très-court ; il y a quatre ressorts d'essieux avec jambes de force ciselées, il y a deux empanons en fer soudés à leur jonction après une bande en acier qui suit la flèche en dessous et y est tenue par cinq brides avec traverses, puis, de chaque empanon s'échappe un tirant qui vient se fixer sur les jambes de force avec patin et boulon ; cet ensemble d'empanon et de tirant est d'un seul morceau de forge qui a du mérite.

Il y a quatre ressorts en C, les deux de derrière n'ont rien que d'ordinaire, ceux de devant ne dépassent pas la hauteur de la coquille, ce qui donne une entrée facile pour le siége ; deux autres petits ressorts prennent sous le coffre en place de mains, suivent le cintre de la coquille et viennent se fixer aux ressorts par deux anneaux en fer à jour au milieu et ajustés à charnières dans lesdits ressorts.

Cette voiture est bien, il y a de beaux morceaux d'ouvrages; mais il y a un défaut qu'il était facile de supprimer et qui lui jette une défaveur, la caisse est trop en avant sur le col de cygne.

L'intérieur est bien garni, sauf une ou deux exceptions ; c'est l'histoire de toutes nos voitures françaises exposées : un tiroir rentre dans le coffre du siége, des poches sont ingénieusement placées derrière le strapontin ; ce petit agencement confortable est facilité par le système de glace de devant fixe.

M. Poitrasson, nº 1049.

Un petit coupé à pincette bien monté et à cinq ressorts, il pourrait y avoir plus de hardiesse dans le charronnage, la forge est bien soignée, la garniture est bien, mais nous regrettons l'emploi de la pâte, nous en avons vu le défaut d'une manière très-sensible. Dans cette voiture, ce système dénature la nuance des galons principalement et produit un effet désagréable au toucher et à l'œil.

M. Perret a exposé, n° 1044, un sociable très-convenablement établi, d'un montage raisonné, le charronnage du train est ordinaire, les roues sont très-bien faites, la serrurerie de même, la garniture ordinaire.

N° 1041. La maison Désouches a exposé un dorsay à huit ressorts, flèches en bois dont le montage laisse à désirer; les ressorts de devant sont si hauts qu'ils interceptent l'entrée du siége d'une façon presque absolue. On pouvait en dégager l'entrée avec des ressorts moins hauts et jeter plus en dedans à l'aide de bois cintré, ce qui aurait encore permis de raccourcir les mains qui sont démesurément longues.

Nous regrettons d'avoir une pareille citation à faire d'une de nos premières maisons de Paris qui avait beaucoup mieux à offrir à l'exposition.

La même maison a aussi un petit coupé à pincette et à cinq ressorts; il est bien fait dans son ensemble; dans l'intérieur il y a un nouveau système breveté supprimant la bascule de porte qui consiste en une petite tringle en fer à plusieurs coudes, entaillée dans le montant de caisse et qui, en jouant, repousse le pène de la serrure et l'oblige à sortir de la gâche; un petit ressort apparent fixé dans la feuillure repousse en même temps la portière et la fait ouvrir; l'usage peut seul faire bien apprécier cette invention.

N° 1052. Sociable à pincette de la maison Mulbacher.

La tournure des bois laisse un peu à désirer et les ferrures du train sont lourdes pour une petite voiture de ce genre; son montage est bien raisonné, la garniture est simple.

Les ailes de côtés et le garde-crotte sont établis dans de très-bonnes conditions; on pourra trouver l'ensemble un peu lourd; mais si l'on réfléchit que ce n'est pas un article de fantaisie, mais bien un objet de première nécessité pour une voiture découverte qui a besoin d'être examinée non-seulement au pied du perron de l'hôtel, avant la promenade, mais aussi, à son retour; si l'on reconnait qu'elles ont prouvé leur raison d'être, en garantissant les personnes de l'intérieur de la crotte et de la poussière, compagnons incommodes du promeneur, l'œil cédera facilement devant la question de bien-être.

Nous avons insisté un peu sur cet objet parce que l'on pourrait nous opposer la grâce et la légèreté des ailes posées à certaines voitures anglaises du même genre, qui n'ont pour nous que la qualité d'être un meuble inutile.

*La Compagnie générale des omnibus de Paris* a exposé une voiture de son modèle actuel avec quelques légères modifications, entre autres suppression du passage de roue, qui n'offre peut-être pas un grand avantage, mais qui donne à cette voiture une régularité parfaite ; les roues sont plus hautes devant et derrière, ce qui doit la rendre très-roulante ; le charronnage et la forge sont parfaitement raisonnés et ont été établis avec beaucoup de soin ; les menottes des ressorts sont de la forme du modèle ordinaire, avec un renflement au milieu, formant pivot ; cette addition est très-convenable pour le fonctionnement des ressorts.

L'intérieur est parfaitement conditionné, les glaces quoique non garnies sont ajustées de manière à faire le moins de bruit possible en roulant ; en un mot, tout a une raison d'être, rien n'est en trop ni en moins, il n'y a pas un petit vide qui ne trouve son emploi ; le voyageur y trouve un confortable satisfaisant.

Cette voiture est un ensemble de petits problèmes mathématiquement résolus ; aussi fait-elle l'admiration de toutes les personnes qui la visitent.

Nous regrettons de ne pouvoir signaler les ouvriers qui, avec les administrateurs, ont participé à l'accomplissement de ces améliorations.

L'administration mérite d'autant mieux d'être félicitée qu'elle n'a pas fait ces améliorations dans le but d'écouler sa marchandise dans un bref délai et à un prix plus élevé, comme cela se pratique dans le commerce. — Elle ne vend pas ses produits, elle les loue, c'est vrai, mais comme elle existe en vertu d'un privilége exclusif, elle n'a pas à redouter la concurrence et pouvait s'arrêter à demi-bien ; elle a voulu arriver à la **perfection**, elle y touche ; qu'elle persévère et elle atteindra son but. A nous, ouvriers, la classe la moins favorisée de la société, qui jouissons pour notre part de toutes ces améliorations, il appartient de lui témoigner toute notre gratitude et notre reconnaissance.

---

# CARROSSERIE ANGLAISE

Nous laisserions volontiers de côté le charronnage des voitures de bien des pays qui ont exposé à Londres, à l'exception des voitures anglaises, belges, russes et polonaises auxquelles nous reviendrons.

Parmi les voitures anglaises, nous avons remarqué de très-belles tournures ; leurs cintres sont généralement sévères, réguliers et éclipsent un peu ceux de nos voitures françaises exposées ; cependant, nous savons que si toute l'élite de notre carrosserie avait exposé, nous pourrions hardiment lutter avec le charronnage anglais, principalement dans les grandes voitures dites à flèches et à huit ressorts, car, en visitant quelques-uns des bons ateliers, nous avons trouvé que les travaux du charronnage n'étaient pas aussi bien traités que ceux exposés et nous savons qu'en visitant nos bons ateliers de France, nous en trouverons de mieux faits qu'une partie de ceux exposés.

Nous avons remarqué que, dans toutes les voitures à flèche, il n'y en a aucune à double ressort sur les essieux, elles sont toutes à jambe de force en fer arrondi, en dessus comme en dessous ; les ronds sont généralement plus grands que les nôtres, cela tient à la voie plus large et donne une grande facilité pour les dégagements ; les avant-trains braquent généralement fort peu ; ainsi les Anglais montent des voitures dont le col de cygne ne sert que pour donner de la tournure et accompagner la caisse, et nullement pour laisser passer les roues comme on fait en France ; par ce moyen leurs voitures sont plus courtes que les nôtres, quoique ayant une voie à vingt centimètres plus large.

Ce système de montage ne pourrait s'appliquer en France pour plusieurs raisons, notamment c'est que les rues sont en partie plus étroites qu'en Angleterre.

Les roues sont plus lourdes et plus équées que les nôtres ; les essieux ont moins de devers, ce qui met le rais du bas en arc-boutant, tandis que les nôtres s'y trouvent placés perpendiculairement ; les frettes des petits bouts de moyeu sont presque toutes droites, larges et ouvertes ; nous n'en avons trouvé que fort peu à recouvrement qu'on appelle ici frettes à l'anglaise ; les rais sont placés sur deux rangs ou entrelacés ; leur tournure est absolument celle qui était en pratique chez nous il y a plusieurs années, c'est-à-dire à carré pointu, dont la vive-arrète vient se profiler jusqu'à la jante, qui ressemble aux rais par sa lourdeur ; nous croyons que ce système de faire des roues lourdes a, en partie, pour motif l'infériorité de la qualité du bois que nos voisins emploient pour ce travail.

Toutes les boîtes de roues, dans les voitures bourgeoises, sont à patent ; dans les voitures publiques, elles sont à graisse.

Les petits montages sont généralement faits avec des ressorts à pincettes, devant et derrière, tant pour la carrosserie de luxe que pour celle affectée au service public.

Enfin, nous avons remarqué qu'en général le goût anglais est pour ce qui représente de la force, de la commodité, de la sécurité ; on fait facilement le sacrifice de ce qui est petit, léger et coquet (il y a des exceptions, bien entendu) pour ce qui est commode au consommateur et à la conduite des chevaux, et plusieurs personnes expertes en équipage nous ont affirmé qu'on ne laissait braquer les voitures que fort peu, afin de pouvoir toujours maintenir les chevaux, ce qui devient difficile quand une voiture braque d'équerre.

Nous reconnaissons cette assertion très-juste, aussi nous n'y répondrons que par quelques appréciations également justes.

Dans une grande voiture, sur laquelle les chevaux ont relativement peu d'action, en raison de son poids, on peut sans crainte y adopter un heurtoir quelconque, qui arrêtera le braquement de l'avant-train ; le cocher sera quitte, s'il veut remiser ou retourner sa voiture, de faire une ou plusieurs retraites, il n'y a là qu'une question de temps ; mais si, au contraire, dans une voiture où le cheval a beaucoup d'action, en raison de sa légèreté, vous arrêtez le braquement trop tôt, il peut arriver que la résistance du heurtoir fasse verser la voiture ; ajoutons encore que chacun travaille pour sa localité. A Londres, les rues sont presque droites, larges ; les maisons n'ont pas de cour, les cochers sont moins embarassés qu'en France.

A Paris, il y encore beaucoup de rues étroites ; les maisons, principalement des personnes à équipages, ont une cour, un perron, un vestibule, auprès desquels le cocher amène sa voiture pour prendre ou descendre ses maîtres ; il lui faut tourner, se remiser dans cette cour ; il est donc naturel que le carrosse soit construit de manière à se prêter facilement à ces exigences; bien que le carrossier soit maître de son art, le client a son influence aussi ; et comme le goût anglais et le goût français diffèrent, nous sommes convaincus que si nous établissions des voitures comme la majeure partie de celles anglaises, nous en vendrions fort peu.

Le goût du client et la disposition de la localité nous obligent de construire petit, léger, très-court, et surtout braquant au moins d'équerre ; de là, nécessité de faire des voies étroites et de nous écarter des principes de nos voisins.

Il nous serait difficile de dire le genre de garniture de la carrosserie anglaise, car nous en trouvons de tous les genres, de toutes les façons.

En France, nous avons, comme pièce dominante, le matelas piqué en quadrillé, mode qui est depuis si longtemps non-seulement en Angleterre, mais en France ; il vivait avant la garniture à matelas tendu, qui elle-même est si ancienne, que, dans notre vie pratique, nous n'en avons pas vu faire dans nos ateliers.

L'Angleterre a conservé ce mode plus longtemps que nous ; aujourd'hui, il paraît être totalement disparu de chez elle comme de chez nous.

Le matelas piqué en quadrille, qui vivait avant, reparut après plus tard, c'est-à-dire il y a un peu plus de vingt ans ; il a été presque entièrement effacé par le losange, par le tuyau avec losange ou mi-losange en haut et en bas, le tout avec accompagnement de cablet en passementerie, bourrelets à torsades, à chevrons, galons larges tuyautés dans les encoignures, remplaçant les onglets. Certes, ce mode de garniture ne manquait pas de mérite ; il y avait du goût dans la combinaison et beaucoup de travail dans le tracé ; comme dans l'exécution, malheureusement, il avait un grand défaut pour une garniture : c'était celui d'être dur. Ainsi, pour faire un losange bien pointu et détaché des autres, il fallait comprimer la rembourrure à l'aide d'un rembourroir, au point de lui ôter toute son élasticité ; l'œil pouvait être satisfait, mais le bien-être et le confortable que la voiture est appelée à donner avaient disparu.

Le bourrelet à torsades et les chevrons ne s'obtenaient également que par la compression de la rembourrure dans un trop petit espace, et produisaient le même résultat, c'est-à-dire satisfaire l'œil aux dépens du bien-être, du confortable. On comprend qu'une garniture de ce genre, qui employait beaucoup plus de marchandise que les autres, qui coûtait bien plus de travail pour un résultat si mal compris, ait vécu peu de temps. Cependant elle n'a pas disparu sans laisser des regrets sensibles chez beaucoup d'ouvriers ; mais qu'il nous soit permis de le dire, s'ils eussent été consommateurs au lieu d'être producteurs, leurs regrets eussent été moins amers.

Les galons larges, tournés en petits tuyaux au lieu d'onglets, n'ont pas l'inconvénient que nous venons de citer. C'est une question de goût qui les a fait disparaître, le même motif pourrait donc les faire reparaître ; toutefois, nous devons reconnaître

1.....

que les onglets encadrent plus symétriquement que les petits tuyaux.

Après le matelas à losanges, à tuyaux, etc., a reparu, dans tout son éclat, le matelas piqué en quadrillé, avec le matelas de dossier à un ou deux rangs de piqûre, qui est bien le meilleur système pour faire une garniture souple et confortable, ne choquant nullement l'œil, quand elle est bien faite. Aussi, est-ce avec satisfaction que nous la voyons généralement, pour ne pas dire complétement adoptée par la carrosserie française.

On comprend bien que nous n'avons pas entendu faire l'histoire de la garniture dans ces quelques réflexions ; nous ne nous sommes arrêtés qu'à ce qui a rapport à notre mission à l'Exposition de Londres. Ainsi, nous avons dit, en commençant cet article, qu'il était difficile de dire le genre de garniture adopté par la carrosserie anglaise, parce que nous y avons trouvé tous ceux que nous venons de mentionner : matelas, quadrillés, en losange, à tuyaux, avec losange et mi-losange, bourrelets à torsades, à chevrons, à galons larges tournés en onglets et à petits tuyaux ; tout s'y trouve, et même avec complication. Il semblerait, s'il est permis de nous exprimer ainsi, que l'exposition de la carrosserie anglaise est un concours où chaque carrossier a été appelé à fournir un genre différent, sur lequel le jury devra statuer pour l'adoption de l'un d'eux, qui devra servir de type. Et qu'on ne croie pas que ce soit la province anglaise seulement qui ait fourni ces formes diverses ; la capitale, la ville de Londres, y a sa part. Ainsi la calèche clarence de MM. Corbin et fils, le landau de MM. Murse et Cᵉ un coupé rond devant de M. Fulder, un landau de M. Holmer, etc., sont autant de certificats qui prouvent que la capitale a fourni son contingent de losanges, tuyaux, chevrons, torsades, etc.

Nous demandons à nos grands idolâtres, à nos admirateurs passionnés de la carrosserie anglaise, s'ils entendent leur tenir compte de ce genre, réformé chez nous comme innovateur ou comme plagiaire.

Nous avons vu bien des voitures avec devant cintré, toutes

avec des stores droits qui, en se déroulant, ôtent l'avantage qu'on a voulu donner pour le cintre de la caisse.

A Paris, nos fabricants font des stores qui suivent le cintre de la caisse.

A laquelle des deux nations revient l'honneur de cette innovation?

Il nous a été dit (nous n'avons pas vu) qu'en 1855 une voiture anglaise, faisant partie de cette exposition, avait des stores cintrés. Si cela est, comment se fait-il que nous n'en ayons pas vu une seule en Angleterre? Est-ce parce que la carrosserie anglaise y a reconnu un vice? Mais alors cette persévérance qui la caractérise lui a donc fait défaut en cette circonstance, pour qu'elle ait abandonné cette innovation?

Nous reconnaissons que ce système a besoin d'une perfection, mais nous ne voyons pas de motif pour l'abandonner. Toujours est-il que nos fabricants les ont faits de leur idée, sans en avoir vu.

Après cela, et jusqu'à preuve contraire, il nous est permis de croire que l'innovation appartient à la France.

Les siéges sont garnis en drap; on en remarque plusieurs auxquels les galons de couture des coussins sont remplacés par de petits joncs en maroquin. Ce système a aussi été employé par les maisons DÉSOUCHER et BELLEVALETTE.

Les jupes de siége de la maison PETERS ET FILS sont exactement pareilles à celles des grandes voitures de la maison EHRLER, de Paris. C'est la seule que nous avons vue ainsi; les autres se rapprochent beaucoup de la généralité des nôtres. Quelques-unes sont historiées par des cintres, des contours qui n'ont rien de bien séduisant. En somme, la garniture des voitures anglaises, à part quelques-unes qu'on pourrait compter sans faire un gros chiffre, est mal disposée comme ensemble, mal soignée dans ses détails, pauvre d'ampleur, ce qui donne un air mesquin, auquel nous n'avons rien à envier.

En traitant la carrosserie française, nous nous sommes arrêtés à tous les produits exposés, en raison de leur petit nombre et de leur diversité.

A l'égard de la carrosserie anglaise, nous ne saurions en faire autant, attendu qu'elle a un très-grand nombre de voitures exposées, dont beaucoup sont pareilles, quant à l'ensemble ; ainsi nous avons compté vingt-trois landaux, c'est presque le tiers de la totalité. Ne pouvant pas les mentionner toutes sans faire des répétitions, de la confusion, nous nous contenterons d'en extraire une partie assez notable pour resumer toutes les observations que nous avons faites.

OBSERVATIONS SUR LES VOITURES EXPOSÉES

N° 1414. MM. Peters et fils, de Londres.

Une malle-coche à flèche et à huit ressorts en châssis.

Le montage est bien raisonné, le charronnage est très-bien fait, quoique un peu lourd, les roues n'ont que douze raís derrière et dix devant, elles sont, comme le charronnage du train, lourdes, mais très-bien faites, les jantes sont planées très-fortes pour donner un peu de légèreté à l'œil, les ferrures sont bien conditionnées.

La caisse étant très-courte, seul reproche qu'on puisse faire à cette voiture, donne peu d'assise à l'intérieur, ce qui a nécessité de faire une garniture maigre, surtout pour les dossiers, ce sont simplement de grands matelas, descendant du haut en bas ; on a beau dire que l'intérieur est réservé aux domestiques, ce n'est pas moins une caisse de berline étranglée entre deux énormes siéges posés sur coffre.

L'intérieur du coffre de derrière est garni de deux nécessaires en ébénisterie parfaitement ajustés dans leurs coulisses, fonctionnant très-bien ; le coffre de devant est garni d'un nécessaire comme ceux de derrière ; il y a, en outre, un panier sous la voiture pour mettre le vin ; chaque pièce a son emploi, comme le panier a le sien ; sauf l'observation sur la caisse, cette voiture résume tout le confortable désirable pour une voiture de ce genre, elle est considérée comme la reine des voitures anglaises exposées.

N° 1355. Clarence à huit ressorts, flèche en fer, de **M.** Wilham Cole, de Londres.

Le charronnage est bien compris; le montage est assez bien raisonné, sauf un peu trop de suppente devant; les roues sont trop fortes, mais c'est le défaut général en Angleterre; les ferrures sont bien forgées; le garde-crotte, trop étroit et trop bas, choque l'œil sur cette voiture, bien faite du reste.

L'intérieur est garni avec beaucoup de soin; il y a un petit ventilateur en glace très-ingénieusement adapté après la glace de la lunette avec une vis.

Ce système est très-coquet, mais n'offre pas de solidité; il y a aussi un ventilateur simple à la traverse du haut de chaque châssis de porte.

Quoique n'étant pas appelés à juger la peinture, **nous devons** dire qu'elle avantage beaucoup le travail. Dans presque toutes les voitures anglaises, nous pouvons même ajouter que la défaveur qui pèse sur notre carrosserie a pour cause principale la peinture.

N° 1354. Coupé rond, devant monté sur neuf ressorts, de M. Souck Hoot, de Manchester.

Le charronnage a une assez bonne tournure dans ses dégagements; le montage est bien raisonné; la garniture est de mauvais goût.

Nous retrouvons la garniture anglaise dans l'acception du mot : matelas sans ampleur, piqûres à de très-grandes distances l'une de l'autre; le manque d'ampleur des matelas les rend saillantes, de sorte qu'en s'appuyant d'un côté ou de l'autre, on est toujours sûr d'en sentir plusieurs vous gêner; il y une partie des galons larges qui sont tournés en onglets et une autre partie en petits tuyaux; cependant nous avons trouvé une bonne idée, que nous nous empressons de signaler, ce sont des stores droits posés verticalement le long du pied de la caisse, et se déroulant comme un rideau sur une tringle de cuivre en haut et en bas.

N° 1356. Landeau de MM. Cook et Holdvay, de Londres.

Charronnage, trains et roues faits avec régularité; la capote se développe bien à l'aide d'évantails dont le nœud se trouve à la hauteur et à fleur de la feuillure de la portière ; la garniture est ordinaire ; la jupe du siége est cintrée dans le bas, ce qui lui donne l'air trop historiée pour une voiture sévère.

MM. Woodal et fils, de Londres, sous le numéro 1452, ont fait une garniture drap et reps dans une berline clarence, qui est mal disposée, ce qui lui donne l'air vilain, quoique assez bien faite.

Le charronnage, train et roues sont mal faits ; il y a ceci à remarquer, le charronnage étant généralement lourd, a besoin d'être bien soigné pour lui ôter ce que son volume offre de disgracieux à l'œil.

N° 1431. Landau de MM. Silk et fils, de Londres.

Le charronnage est assez bien tourné ; il y a un lisoir cintré au rebours de la sellette, c'est-à-dire la partie bombée du milieu en arrière, ce qui permet de raccourcir le train, en allongeant le dessus d'avant-train, afin que le coffre, toujours long dans un landau par rapport au déploiement des cerceaux, soit soutenu par les bouts dudit lisoir, ce qui n'empêche pas ce dernier de prendre la cheville ouvrière au milieu collectivement avec la sellette, comme cela se fait dans les montages ordinaires ; ce montage n'est pas commun, mais nous l'avons déjà rencontré dans la pratique ; il n'y a pas de brides aux ressorts d'essieux, elles sont remplacées par des petits colliers en fer fixés par des coins en fer enfoncés à force entre le tasseau et le ressort ; ce système est très-propre, mais ne paraît pas offrir une grande solidité.

La garniture intérieure est très-ordinaire.

N° 1420. MM. Rock et fils, de Hasting.

Un landau se mettant en berline à l'aide d'un ballon.

Le charronnage est très-orignal, quoique simple ; les tournures sont de bon goût et le montage bien raisonné.

Les mains qui supportent la caisse sur les bouts des deux traverses de support (car il n'y a pas de lisoir) ont à peu près la tournure des mains d'une voiture à flèche, et viennent prendre la coquille de chaque côté.

Les bois du train se confondent avec les ferrures par leur légèreté et la manière dont ils sont arrondis sur presque tous sens.

La sellette et la traverse de support sont cintrés en avant comme d'habitude et ont en élévation un cintre très-prononcé (15 centimètres environ pour les deux traverses de support et 9 centimètres pour la sellette); les bouts du bois ne sont pas sculptés, ils sont pointus et très-légers; la pièce qui sert de lisoir est une branche de fer sortant du haut et du bas de la caisse par une fourche; elle vient descendre sur le rond, passe ensuite sur la traverse de support de derrière, s'y fixant par un petit patin à T entaillé et arrondi avec le bois; de là, descend sur la sellette avec un renflement pour recevoir la cheville ouvrière, remonte sur la traverse de support de devant, toujours avec patin, et finit en s'appuyant sur le rond en forme de fourchette, laissant dépasser un petit bout pointu en bec de canne relevé; de cette ferrure s'échappe une branche à fourche venant prendre le bas de la coquille dans le milieu par un patin.

Sous le n° 1451, M. Windover, de Huntingon, a exposé une voiture à laquelle il donne le nom de *tessatempora*, qu'on peut encore appeler voiture des quatre saisons. En effet, elle change de forme à chaque saison, avec la volonté du propriétaire, bien entendu; le bas de la caisse est toujours le même, ce n'est que dans la partie supérieure que gît le mécanisme.

Au printemps, on nous la présente sous la forme d'un landau, en adaptant devant et derrière une capote à trois cerceaux.

En été, on supprime entièrement la partie supérieure et l'on a une petite calèche de promenade qu'on appelle encore sociable.

En automne, on adapte une capote ordinaire de calèche à quatre cerceaux, avec tabatière et tablier.

En hiver, on supprime la capote à quatre cerceaux, on la remplace par la capote à trois cerceaux qui a déjà servi quand on lui a donné la forme d'un landau; on supprime encore la tabatière et le tablier, qu'on remplace par un ballon garni de glaces tout autour, ce qui lui donne la forme d'un clarence.

Tous ces appareils sont fixés d'une manière très-simple et très-solide, à l'aide de fortes ferrures plates et longues d'environ 12 centimètres, qui rentrent dans des douilles adaptées au bas de la caisse ; sur les côtés, le derrière est fixé à la caisse par des vis à écrous. En somme, cette voiture n'est pas disgracieuse dans ses diverses formes et a dû coûter beaucoup de travail et de persévérance à son auteur.

La garniture de cette voiture avec tous ses appareils offrait quelques difficultés ; elles ont été vaincues, et quoique simple, cette voiture offre beaucoup de régularité et d'ensemble.

Le charronnage laisse beaucoup à désirer ; les armons sont dans le genre de ceux que nous faisions il y a dix ans ; ils sont ferrés sur champ, ce qui les rend très-lourds ; les roues sont très-ordinaires.

Le prix de vente de cette voiture varie suivant la forme et suivant le degré de luxe qu'on veut lui faire atteindre.

En voiture de printemps, c'est-à-dire sous forme de landau, le prix varie de 180 guinées à 200 (4,200 à 5,250 fr.).

En voiture d'été, forme sociable, sans capote, de 115 à 135 guinées (3,018 fr. 75 c. à 3,543 fr. 75 c.).

En voiture d'automne, avec capote et tabatière, de 135 à 160 guinées (3,543 fr. 75 c. à 3,937 fr. 50 c.).

En voiture d'hiver, c'est-à-dire en clarence, de 165 à 205 guinées (3,963 fr. 75 c. à 5,276 fr. 25 c.).

Enfin, la voiture complète, avec tous ses appareils, est de 260 guinées ou 6,825 fr.

Nº 1358. MM. Corbin et Sons, de Londres.

Une calèche avec un ballon lui donnant la forme d'un vrai clarence.

Cette voiture est assez bien faite ; nous la mentionnons principalement pour sa garniture à petits tuyaux longs, avec demi-losange en haut et en bas.

Nº 1381. Landau de première taille, de M. Holmer, de Londres.

Nous avons remarqué tout particulièrement ce landau, dont toutes les parties sont restées de couleur naturelle ; les bois sont vernis et toutes les ferrures sont polies jusqu'au fer des roues, qui est poli sur champ, il est monté à flèche et à huit ressorts ; la flèche, tout en fer, vient former deux cols de cygne en avant, qui ne servent que pour accompagner la caisse et non pour le passage des roues, car ils sont trop bas; puis il y a en arrière du rond, en dedans, deux crochets servant de heurtoir pour ne laisser braquer que fort peu; les avant-bras des cols de cygne portent fourchette droite, avec un renflement à tous les trous des boulons de la sassoir et du rond; le charronnage a de belles tournures, les roues sont assez bien; c'est dommage que le montage soit manqué, sans cela ce serait une des plus belles voitures de l'Exposition.

Le défaut du montage consiste premièrement dans ce que les soupentes doivent être moitié plus courtes devant que derrière, car il n'y a pas de siége, et sont de la même longueur et leur tirage de la même obliquité.

Les ressorts de l'essieu de devant sont trop faibles et déjà cintrés au rebours d'environ 5 centimètres, sans être chargés.

La sculpture est à moulure, quart de rond très-fort, tant en dessus que par côté, en laissant un renflement pour chaque tête de boulons; les bouts sont ovales, un peu pointus, sans vive arrête.

La garniture répond au reste par l'effet qu'on a voulu en tirer: elle est en reps bleu, parsemée de fleurs de lis jaunes, hautes d'environ 8 centimètres et suffisamment écartées l'une de l'autre pour que le fond bleu domine beaucoup. Il y a un bourrelet à chevrons faisant tout le tour de la caisse, accompagné d'une torsade en passementerie encadrant de forts matelas; mais comme la voiture est grande, elle supporte cette garniture, un peu volumineuse, sans trop de ridicule.

Nº 1344. M. BOYATT, de Londres.

Victoria. — Très-beau charronnage avec deux traverses de support (car il n'y a pas de lisoir) placées aux extrémités du rond à l'avant et à l'arrière, et réunies par une fourchette au milieu qui reçoit la cheville ouvrière à la sortie de la sellette placée au milieu des deux traverses; une branche de fer s'échappe de la fourchette par derrière, allant joindre la caisse, et une autre devant, venant s'adapter au bas et au milieu de la coquille.

Le montage est régulier, les roues sont passables, mais toujours fortes.

La voiture est montée avec quatre ressorts en C double renversé sur les bouts de la sellette, et prenant sous l'essieu par deux menottes qui se croisent, dans lesquelles sont tenus deux bouts de soupente venant s'accrocher à 15 centimètres de chaque côté de la sellette dans un œil ou petit patin qui tient aux ressorts, qui eux-mêmes sont tenus par cinq boulons traversant un fort tasseau sculpté qui se trouve, comme toujours, entre l'embrasure et le ressort, et pour le derrière entre le moutonnet en fer et le ressort.

Ce montage est original, lourd à l'œil, et très-difficile à tenir propre. Ce n'est du reste pas une idée nouvelle, nous en avons vu à Paris et nous en avons rencontré dans la ville de Londres.

N° 1339. M. ANDERVS, de Southampton.

Une petite victoria *duc*, avec siége derrière tenant à la caisse; montée à pincette devant et derrière, bois cintrés, mains doubles avec un sassoir formant environ les trois quarts du rond, s'appuyant sur un bout de jante en fer doublé de bois, fixé sur la sellette, et le devant de l'armon, et derrière.

Sur une jante ordinaire, il y a une fourchette dont les bouts sont entaillés dans deux traverses de supports posées parallèlement à la sellette : elle est ferrée d'une bande portant renflement pour recevoir la cheville ouvrière; le derrière a une traverse en fer coudé avec patin pour recevoir les ressorts.

Ce système permet d'élever ou baisser la caisse sans mettre de tasseaux.

Tout ce travail est fait avec beaucoup de soin et de régularité. Les grandes ailes sur les côtés sont très-coquettement faites pour l'œil ; quant à arrêter la crotte ou la poussière, elles n'en ont nullement l'intention ; elles sont très-étroites d'abord, et ensuite distancées de la caisse de 25 centimètres environ ; ce sont aussi les seules qui sont bordées.

La caisse sans capote est garnie d'un bourrelet à spirale faisant le tour, et d'un dossier à côtes et losanges cousus ; c'est assez bien disposé, mais c'est plat et dur sous la pression de la main.

Nº 1409. M. Parker, de Cambridge.

Dog-cart à deux roues.

Le montage se compose d'un ressort à pincettes de chaque côté, posé parallèlement au brancard, l'un en dessous, l'autre en dessus, en sorte que le brancard se trouve prisonnier entre les deux parties du ressort à pincettes, qui est fixé en avant près de la traverse à l'aide d'une main plate en dessus et en dessous ; le derrière des ressorts est mobile, la maîtresse feuille forme semelle et glisse sur une plaque en cuivre entaillée dans le bout du brancard ; le ressort est maintenu par un collier en fer qui s'y trouve fixé par un boulon ; — ce système paraît devoir arrêter parfaitement le vannage occasionné par le trot du cheval.

Nº 1383. M. Hooper, de Londres.

Une calèche à huit ressorts.

Nous remarquons seulement les jantes de force, qui ne sont pas entaillées dans le lisoir et la sellette : elles y sont fixées par un patin soudé à la bande de dessous portant un boulon en avant et en arrière.

Nº 1391. M. Kesterlon, de Londres.

Calèche se mettant en clarence par l'addition d'un ballon.

Le derrière du train n'a pas de traverses comme une partie des voitures exposées ; la petite feuille des ressorts du moutonnet est soudée après la bande et forme patin. — Ce système donne un peu plus de légèreté à l'œil, mais coûte assurément beaucoup de temps pour régler le montage.

Nº 1405. MM. Newhan et fils, de Londres, ont exposé un omnibus avec une capote de landau se développant sur les côtés de la caisse.

Il y a là une idée hardie qui dénote chez l'inventeur de la volonté, de la persévérance pour celui qui appartient à la carrosserie et qui examine avec soin cette voiture ; il lui est facile de se rendre compte des difficultés qui se sont présentées dans l'exécution et des moyens en dehors des règles ordinaires de la construction qu'on a employés pour y parer.

La voiture est petite et peut aller à un seul cheval, ce qui n'augmente ni ne diminue la difficulté d'exécution.

Le devant se compose d'un avant-train ordinaire avec des bois cintrés en avant, un essieu droit et des ressorts à pincettes.

Le derrière est monté sur deux ressorts d'essieux, seulement avec mains simples fixées à la caisse à l'avant et à l'arrière du ressort; l'essieu est coudé; la cave de la caisse, cintrée en contre-bas, rentre dans le coude de l'essieu.

Jusque-là nous nous trouvons dans les conditions ordinaires, comme on le comprend sans doute; on monte dans la voiture par derrière; là commence la difficulté.

Il a fallu donner une entrée suffisante et faire les côtés du derrière assez larges pour donner au compas l'obliquité qui lui est nécessaire pour faire fonctionner les deux cerceaux dont se compose chaque côté de la capote et les maintenir à leur place d'une façon solide. De là, l'obligation de faire une caisse très-large à la ceinture, et comme il a fallu dissimuler cette largeur sous peine de faire un derrière énorme et ridicule pour une voiture de petite dimension, on l'a rétrécie de beaucoup dans le bas, ce qui lui donne trop d'évasement.

Les difficultés s'enchaînent : à mesure qu'on en réforme une, cette réforme donne aussitôt naissance à une autre difficulté; ainsi, pour donner l'obliquité nécessaire au fonctionnement des compas, on a fait une caisse très-large à la ceinture; mais plus on lui donnait de largeur et plus la capote, en se repliant, allait prendre de développement sur les côtés et y rendre difficile par sa largeur la conduite de la voiture. On a remédié en partie à cet inconvénient en faisant une capote très-basse de la parclose, en mettant la parclose elle-même aussi bas que possible et en faisant des coussins très-plats.

Si nous ajoutons l'ingénieux système d'éventail employé pour ramener, en se repliant, le cerceau de derrière au niveau du second, nous pouvons dire que toutes les ressources que possède l'industrie de la carrosserie ont été épuisées dans cette circonstance; que, malgré cet épuisement, on a fait une voiture dans laquelle on peut à peine se tenir et dont la capote, en se repliant, dépasse encore les roues de beaucoup; il y a plus : dans une capote ordinaire de landau, l'intervalle laissé en dessus par l'ouverture de la portière est rempli par un bâti en menuiserie garni de fortes charnières et goujons qui fixent la partie du devant de la capote après celle du derrière d'une manière solide.

Dans l'invention dont nous parlons le bâti en menuiserie n'existe pas, le cuir est libre ; seulement, à l'endroit de sa jonction, il est garni d'une tringle plate en fer qui sert à fermer le dessus de la capote avec deux petits verroux à pompes de vasistas apparent à l'intérieur, ce qui ne nous paraît nullement offrir de sécurité contre l'infiltration de l'eau : d'où nous concluons qu'en somme le système de capote de landau se repliant sur les côtés est un problème qui n'est pas encore résolu.

Nous terminerons nos observations sur les produits de la carrosserie anglaise par quelques citations qui n'ont pas semblé devoir nous obliger à une description complète des voitures sur lesquelles elles ont été faites.

C'est ainsi que nous citons un coupé, n° 1341, ayant des glaces ovales étamées, posées dans les deux custodes et recouvertes d'un tampon semblable à un matelas de lunette.

Un sociable, n° 1343, dont la bourrellerie, à part les ailes, est griffée et non piquée.

Le n° 1398 est un landau garni d'un bourrelet en spirale faisant le tour de la caisse avec matelas de dossier sans plus d'ampleur que les autres qui sont tous à losanges cousus sans une piqûre.

Le n° 1395 est un landau dont les matelas de dossiers sont piqués en plein et sans plus d'ampleur que les autres matelas. Ces derniers ont des piqûres en abondance tellement rapprochées qu'il semblerait que ce landau s'est approprié à lui seul la part qui revenait aux deux voitures.

N° 1338. M. ADEBERT, de Londres, a adopté un système de menottes en caoutchouc, garnies d'une enveloppe en fer, ce qui les rend très-solides ; il faudrait en voir l'usage pour le juger. Pendant que nous sommes dans le caoutchouc, citons l'omnibus n° 1429, voiture grande et lourde, suspendue sur de gros tampons en caoutchouc ; c'est très-doux, mais aussi très-peu gracieux.

N° 1526. Un landau dont le nœud de la charnière d'éventail

est à fleur de la feuillure de porte comme à nos calèches sans oreilles.

Enfin, un coupé, nº 1367, auquel on a supprimé la doublure de devant, de sorte que la coulisse et la glace sont nues ; nous nous demandons quel avantage on a voulu en tirer.

L'agriculture a des véhicules à son usage ; nous en avons trouvé un assez remarquable pour croire devoir le signaler ici, sachant, du reste, qu'il n'y a pas eu de charrons en grosserie délégués à l'Exposition ; c'est un tombereau-charrette de MM. Nelfort et Fils, de Londres.

Ce véhicule à deux roues est destiné au transport des fourrages et céréales : il a pour accessoire une fourragère en avant et une en arrière, allongeant la cage de la voiture de 1 mètre 55 centimètres ; elle ne gêne rien en avant, elle couvre une grande partie du cheval ; sa disposition est prise par deux cornes s'adaptant sur les ridelles et servant de base auxdites fourragères. Ces pièces reposent sur les traverses des fermetures du devant et de l'arrière du tombereau, et sont tenues par deux petits crochets dans les bouts pris au milieu et en dedans des brancards.

Il existe aux extrémités des côtés une petite barrette qui se trouve en face du haut de chaque roue, à laquelle est jointe une barre de fer qui unit les deux fourragères de l'avant et de l'arrière, en laissant échapper un montant de ridelle en fer qui empêche les objets formant le chargement de toucher sur les roues.

## BELGIQUE

La carrosserie belge est celle qui a le plus de rapport avec celles de France et d'Angleterre dans sa forme et dans l'ensemble de sa construction.

Nous la jugeons, il est vrai, autant par les connaissances que nous avons du pays que par les produits exposés, car trois carrossiers seulement, un de Bruxelles, un de Bruges et un d'Anvers, ont envoyé de leurs produits à l'Exposition.

Malgré que son industrie carrossière soit moins importante que la nôtre, elle l'est assez pour avoir un plus grand nombre d'exposants ; mais c'est l'histoire de toutes les nations : on sollicite des expositions, on les attend, on les désire ; elles arrivent, c'est à peine si certaines industries daignent y concourir. Pourquoi ? Ou les expositions sont nuisibles ou mal comprises, ou bien elles sont inabordables par les frais qu'elles nécessitent aux fabricants ou par les formalités qu'elles exigent. Si c'est là le motif, nous ne pouvons que solliciter sa disparition, en laissant le soin de le détruire à des hommes plus importants que nous ; si, au contraire, ce motif n'existe pas, nous blâmons le fabricant de ne pas exposer. Que ses produits soient supérieurs ou inférieurs, il peut y trouver son compte ; si le produit est supérieur, il sert d'enseignement et le fabricant retire les honneurs d'une marque distinctive, d'une récompense qui assoit sa réputation ; et puis la supériorité d'un fabricant n'est pas tellement élevée qu'il n'ait plus rien à apprendre : il y a toujours quelque chose à recueillir dans un aussi grand concours d'efforts de l'intelligence. Si le produit est inférieur, il gagne encore plus à être connu, à être vu qu'à rester caché ; étant vu, il se trouve naturellement soumis à un examen, à une critique même, qui, lorsqu'elle est raisonnée, peut, loin d'être nuisible, éclairer le producteur sur les moyens de perfection à employer. En un mot, à quelque point de vue qu'on envisage cette question, une exposition universelle est un enseignement pour tous, un principe puissant de la civilisation.

Nous remarquons que la carrosserie de Bruxelles est supérieure à celle des provinces belges, et cette dernière supérieure à celle de la Hollande, leur voisine ; cependant, nous avons vu un très-joli travail venant de ce pays, mais généralement la forme et l'ensemble laissent beaucoup à désirer.

MM. John frères, de Bruxelles, ont exposé.

Premièrement. — Un vis-à-vis et un cabriolet à quatre roues, tous deux à petit montage.

Le charronnage du vis-à-vis est convenable et le montage bien raisonné.

Le cabriolet à quatre roues est moins bien suivi ; les ferrures, comme façon, comme cintre, sont très-ordinaires ; la garniture est dans le genre des nôtres et convenablement faite : elle a de la régularité, du confortable. Dans la carrosserie anglaise, nous avons remarqué beaucoup de voitures dont les panneaux sont couverts en canne peinte au tube, ce qui allége beaucoup et flatte l'œil.

En Belgique, on couvre les panneaux en imitation de canne en cuir découpé, appliqué à l'aide d'un procédé particulier.

La maison BELVALETTE FRÈRES, de Paris et Boulogne-sur-Mer, a aussi ce système.

Deuxièmement. — Un dorsay à flèche et à huit ressorts.

Cette voiture offre assurément plus de difficulté d'exécution que le montage à pincette ; cependant elle est mieux que les deux premières, comme détail et comme ensemble, sans être une perfection.

Les charronnage, train et roues sont passables ; les ferrures sont bien comprises, et le montage, chose principale dans une voiture à grand train, est bien réussi.

M. VANHAKEN, d'Anvers, a exposé une calèche à pincette et cinq ressorts, dont le charronnage du système ordinaire manque de régularité, ce qui le rend disgracieux ; la ferrure n'a pas de hardiesse et laisse beaucoup à désirer ; la garniture est simple et très-ordinaire comme façon.

## HOLLANDE

M. HERMEANS, de Thehague, a exposé une petite américaine très-jolie comme pièce de forge.

La caisse est un simple châssis à quatre places, supportée par des ferrures qui vont joindre le dessus de l'avant-train et derrière la traverse des ressorts.

Les cintres sont parfaits de régularité ; le charronnage est tout en fer élégant, quoique simple, et offre de la solidité, notamment par son genre d'embrassure à congé tout le tour.

Il est à regretter que les roues soient mal faites, cela fait tort à l'ensemble de la voiture.

Le même carrossier a un vis-à-vis à petit montagne qui n'a rien de remarquable.

Il manque généralement de tournure ; les roues ne sont pas mieux traitées que celles de la précédente voiture, d'où nous concluons : un bon forgeron accouplé à un charron médiocre ; c'est, du reste, le reproche que nous avons à adresser à la carrosserie hollandaise en la jugeant par les produits exposés : charronnage disgracieux, sans tournure ; forge passable, autant du moins que cela est possible sur vilain charronnage.

Nous devons cependant faire une exception en faveur d'une victoria à petit montage de la maison Brayer, d'Amsterdam.

Cette voiture a de l'ensemble ; les pièces ne l'avant-train ont une bonne tournure, la serrurerie est convenable, mais les roues sont mal.

Plusieurs voitures sont exposées par divers autres carrossiers, toutes établies dans des conditions médiocres et inférieures à celles de la Belgique ; les garnitures sont, ou très-simples ou historiées ; celles qui sont simples sont d'une confection négligée ; les autres ne ressemblent plus à une garniture de voiture, c'est un assemblage de formes diverses, auxquelles nous serions embarrassés de donner un nom.

Ainsi, nous voyons une voiture garnie en reps gris blanc satiné, dont le dossier très-plat est composé de tuyaux du haut en bas, cintré à contre-sens, de manière à laisser au milieu une espèce d'ovale, garni lui-même de petites fantaisies, très-peu raisonnées pour l'usage du produit ; il va sans dire que ces petits dessins formés avec l'étoffe sont tous cousus ; les coussins sont faits en forme d'oreiller ; enfin, il n'y a rien de pareil à nos garnitures de ce jour, ni à celles d'autrefois ; on voit qu'on a voulu faire un travail pour l'Exposition, en oubliant qu'il lui suffisait pour être apprécié d'être construit d'après des principes raisonnés avec soin dans les détails et avec régularité dans l'ensemble.

# RUSSIE

Si nous en croyons les derniers rapports qui ont été faits sur la carrosserie russe, nous devons constater un progrès très-sensible dans ce genre d'industrie; ses voitures, qui nous ont été signalées comme lourdes, disgracieuses et sans formes, sont devenues des voitures convenables et presque toutes bien établies, entre autres une victoria à mains de M. Schwartzer, de Saint-Pétersbourg, qui a tout à fait la forme, le genre de nos voitures françaises, au point que nous avons dû nous demander si c'était bien une voiture russe ou faite avec de la ferronnerie française de fabrique; elle est signée du nom du carrossier, nous devons la croire russe; la garniture est bien faite, elle a la forme des nôtres; seulement, il y a une chose qu'on ne se permet pas chez nous, c'est de faire un pli au cuir de la capote, dans l'encoignure et sur la carre du cerceau de derrière, pour s'éviter la peine de faire passer les plis du renflement.

Nous avons vu, il y a longtemps déjà, des voitures anglaises auxquelles on avait adopté un système à peu près semblable; seulement, au lieu d'un pli apparent, c'était une saignée faite pour le même motif à la même place et joint solidement.

M. Capja a exposé un drowski, voiture originaire du pays.

Charronnage en fer de bonne tournure, mais lourd; malgré ce défaut, il est assez bien dans son ensemble et bien monté.

M. Hélis, de Saint-Pétersbourg, n° 291. Un petit coupé monté à pincette et cinq ressorts.

Le charronnage est assez bien, il est sévère, mais gracieux; l'intérieur est très-convenablement garni en satin et reps; il a des châssis de glaces en fer, garnis en drap noir, ce sont les seuls que nous ayons vus à l'Exposition.

M. Rentel a aussi un coupé à petit montage avec charronnage en fer et rond à patent d'assez bon goût.

M. Wagner, de Saint-Pétersbourg, a un landau à huit ressorts, flèche en bois.

Le charronnage n'a rien d'extraordinaire, mais il est de bon goût; les ferrures sont bien comprises.

Ce landau est en blanc et non garni, ce qui permet de voir entièrement la ferrure de caisse; la partie de la capote, pour laquelle il a obtenu un brevet, est assez compliquée, il y a un système d'éventail dont la branche principale a deux points fixes, un au nœud de la charnière comme dans la construction ordinaire et un sur l'accotoir de caisse.

Cette branche porte les lames fixées aux deux cerceaux de derrière et se trouve brisée au milieu par une charnière.

Ce système permet de raccourcir le cerceau de derrière autant qu'on le désire ; mais il a besoin de perfection avant d'être mis en usage.

La Pologne paraît bien moins avancée que la Russie en carrosserie; les deux ou trois voitures exposées par des carrossiers de Varsovie (il n'y en a pas d'autres villes) sont assez bien montées, mais de tournure médiocre et lourdes de construction ; les roues principalement laissent beaucoup à désirer.

Cependant chaque industrie a son luxe, l'industrie de la carrosserie polonaise a le sien comme les autres.

Nous avons remarqué un coupé monté à flèche et à huit ressorts, dont les rais des roues sont cintrés sur champ; nous avouons ne pas avoir trouvé l'utilité de ce système, ce qui nous l'a fait considérer comme travail de luxe; les châssis et glaces de portes sont légèrement bombés, pour suivre le cintre du renflement de la porte seulement; c'est pousser la régularité du travail un peu loin.

# PRUSSE, ITALIE, SUÈDE
## ET DIVERS

MM. Jos NEUS, de Berlin, sous le n° 1265, ont exposé une berline riche, de cérémonie, montée sur un train à flèche et à huit ressorts surchargée d'ornements dorés qui font de l'effet, mais ne sont pas parvenus à en faire une belle voiture.

Le charronnage est très-ordinaire, et presque toutes les pièces ont une tournure désagréable à l'œil et manquent de proportion dans leur forme et leur distance; les ferrures également manquent de régularité; la garniture est riche comme étoffe, elle est mal disposée et lourde; la housse ne le cède en rien au reste de la voiture pour l'ornementation.

Il y a quatre lanternes, celles de devant sont masquées par la housse, celles de derrière sont aussi trop rentrées et ne produisent pas ce qu'elles pourraient produire; en somme, cette voiture dans son ensemble fait beaucoup d'effet, mais il ne faut pas la suivre dans ses détails.

Une autre voiture de cérémonie, beaucoup moins riche, a été exposée par M. BERTI, de Milan (Italie).

Sans être exempte de reproche, elle est mieux que la précédente, bien que nous reprochions au charronnage une tournure médiocre dans certaines parties seulement, la tête de flèche trop maigre et sans gueule-de-loup, la volée trop cintrée pour être droite et trop droite pour être cintrée, etc.; mais nous citons comme de bon goût le siège à la française, et particulièrement l'entretoise, qui, quoique originale, est bien (elle n'a pas dû être faite par le même charron, ni dessinée par le même artiste); les roues sont très-bien faites. les ferrures et le montage sont aussi bien raisonnés.

Le travail de la sellerie est beaucoup moins satisfaisant, la garniture prend toute la place, les matelas de côté sont presque aussi volumineux que nos dossiers, la bourrellerie est très-négligée.

La Suède, ce petit pays, a fourni son contingent de produits à l'Exposition, et si ses voitures sont médiocres en tournure comme en façon, elle a fourni de très-beaux traîneaux parfaitement établis. Entre autres, M. SÉGOSTEIN en a fourni un de forme sévère et de bon goût; il porte des ressorts, peut se démonter, se placer sur un train pour en faire une voiture.

M. JOLSON en a aussi un bien établi, très-bien garni en gros velours grenat; la forme ressemble tout à fait à la garniture d'un fauteuil Voltaire; leurs voitures sont loin d'être aussi bien raisonnées.

M. Wégelin, de Stockholm, a une espèce de chaise de poste à quatre roues.

Cette voiture, très-originale, ne ressemble à aucune autre; elle est seule dans son genre; le derrière de la caisse a un peu de la forme du *cab*, moins le siége de derrière; elle est fermée devant par deux portières avec glace descendante, comme aux coupés ordinaires, qui les ont sur les côtés de la caisse; elles s'ouvrent l'une sur l'autre. Pour qu'elles puissent se développer, on a ménagé une petite plate-forme, à la suite de laquelle se trouvent placés le coffre et le siége; elle est montée avec quatre ressorts en C renversés sous les essieux avec soupentes.

Il y a encore deux autres voitures du même pays.

Une calèche de promenade avec le montage à ressorts en C renversés comme les précédents, et une petite victoria-duc, qui, quoique construites dans des conditions défavorables, dénotent du mouvement dans la carrosserie suédoise.

La ville de Copenhague (Danemark) a exposé un landaulet avec une garniture très-façonnée, et un char-à-bancs.

La carrosserie de ce pays ne paraît pas plus avancée que celle de la Suède.

M. Clovis Leduc, de Montréal (Canada), a exposé une magnifique petite araignée américaine avec siége à deux places, sans capote : c'est toujours la même façon, le même montage que celles que nous voyons journellement rouler dans Paris; mais elle est faite avec tant de goût, finie avec tant de soin, qu'elle peut être considérée comme un bijou de voiture, elle est plus légère que celles que nous connaissons, ce qui a fait dire à l'un de nous qu'elle ne roulerait que dans un salon. Cependant nous pensons que sa légèreté ne l'empêcherait pas de faire le petit service de fantaisie que font ces voitures dans notre pays.

Deux victorias de la ville de Melbourne (Australie) et un poney forme carrick de Nova Scotia, de fabrication très-inférieure, n'ayant aucun intérêt d'être autrement signalés, complètent notre examen sur les voitures de voies de terre.

## MATÉRIEL DE CHEMIN DE FER

La France, la Belgique et la Prusse ont exposé des wagons pour transport de voyageurs.

M. A. PHLUY, de Berlin, a un wagon de première classe se composant d'un coupé à quatre places, garni en drap gris noisette, de deux berlines à six places, garnies en reps bleu, d'une berline à six places, et d'une autre se trouvant à l'extrémité du wagon, contenant sept places, garnies toutes deux en drap gris noisette ; il y a une porte dans chacune, qui permet aux voyageurs de communiquer de l'une à l'autre, mais elles prennent deux places.

La garniture est très-façonnée, mais mal disposée, comme on le pense ; ce wagon est d'un volume énorme, sa longueur est de onze à douze mètres de tampon à tampon.

Nous en voyons un autre, dit wagon-salon, de la fabrique de M. MOLENBECK, de Bruxelles.

Il y a un compartiment à chaque extrémité, avec banquette de chaque côté.

La garniture est simple, et l'on aurait pu disposer ces deux compartiments plus confortablement ; il se trouve une plate-forme au centre, sur laquelle il sera impossible de demeurer en vitesse, vu qu'il n'y a ni rideaux ni glaces.

La caisse a environ neuf mètres de long ; le châssis repose sur six roues.

M. François LAUVELS, ingénieur à Clichy-sur-Seine, a exposé un wagon spécimen, 1$^{re}$, 2$^e$ et 3$^e$ classe, destiné au chemin de fer du Nord de l'Espagne.

La garniture du compartiment des premières est très-bien conditionnée ; dans celui des deuxièmes les dossiers sont trop droits et pas assez hauts.

Parmi ces produits, nous avons reconnu comme bien supérieur le wagon de première classe fabriqué aux ateliers du *Chemin de fer d'Orléans*, tant dans l'ensemble du montage que dans la disposition de sa traction, de sa suspension, et tout particulièrement dans son mode d'attache fait au moyen de huit goujons traversant autant de fortes rondelles en caoutchouc doublées de rondelles en fonte servant à supporter la caisse sur son châssis.

La garniture est bien disposée et faite avec une parfaite régularité.

Nous venons de produire notre appréciation sur la carrosserie des divers pays qui ont envoyé de leurs produits à l'Exposition universelle de Londres; nous y avons joint quelques considérations à l'appui. Là s'arrête notre travail, et pourtant le programme de notre délégation n'est pas terminé, il nous reste à traiter plusieurs questions importantes ; notamment, sur les moyens les plus propres à soutenir la concurrence, nous devons à la Commission impériale et au Conseil municipal de la ville de Paris, qui nous ont donné leur appui, à la Commission ouvrière qui a organisé les délégations, et surtout à nos collègues qui nous ont investi de leur confiance en nous désignant pour remplir cette mission si importante au point de vue des intérêts de la classe ouvrière; nous devons, disons-nous, donner connaissance des motifs qui nous ont fait abandonner le travail avant de l'avoir terminé, heureux si ces motifs sont reconnus justes et suffisants pour nous décharger honorablement de notre mission.

Cette justification nous met dans l'obligation d'entrer dans des questions de détails que nous aurions voulu écarter, mais il est impossible de les éviter.

Un délai de dix jours a été accordé à notre industrie pour faire le travail qui, déduction faite de la durée du voyage aller et retour, réduit le séjour à sept jours, y compris un dimanche, où, comme on sait, tout est fermé à Londres.

Nous avons eu à examiner collectivement cent vingt voitures répandues dans toutes les parties du vaste édifice, travail entravé par la susceptibilité et la méfiance britanniques en ce qui concerne ses produits. Ainsi nous, délégués, chargés de faire un rapport sur les produits exposés, nous avons dû regarder comme de simples visiteurs ; si nous regardons de trop près, on nous surveille ; si nous prenons, non pas un croquis, mais une note, on s'y oppose ; plusieurs fois les gardiens de l'Exposition, malgré les observations de l'interprète que nous avions requis d'intervenir, se sont opposés à ce que nous en prissions ; une fois entre autres cela nous a été formellement interdit ; plus tard nous avons su que nous avions le droit d'en prendre, mais le temps perdu l'était bien.

Nous devons rendre justice à qui de droit ; toutes les fois que nous avons eu affaire à un maître carrossier ou à son représentant direct, nous avons été reçus convenablement ; nous devons même des remercîments à plusieurs de ces messieurs pour la complaisance qu'ils ont mise à nous faire voir leurs voitures dans tout leurs détails. Mais les maîtres carrossiers ne sont pas toujours là ; alors regardez, surtout n'oubliez pas qu'on vous regarde aussi. Vous, selliers, dites-nous si cette voiture est bien garnie, mais n'ouvrez pas la portière, ne déployez pas le marche-pied, ou bien attendez l'arrivée du maître carrossier pour lui en demander l'autorisation. De telles entraves paralysent le travail et découragent le délégué.

Nous avons eu ensuite à visiter quelques ateliers, ce qui n'est pas chose facile dans une ville aussi grande, car ils sont dispersés dans beaucoup de quartiers ; puis il faut en obtenir la permission, attendre l'heure convenable pour entrer. Là s'est passé le reste de notre temps, et encore n'avons-nous recueilli, à part les prix de journée auxquels nous nous sommes attachés d'une manière toute particulière, que des renseignements épars qui ne nous permettent pas de faire un travail à ce sujet.

Nous n'entendons ici porter plaintes contre personne, nous citons des faits, nous signalons les obstacles que nous avons rencontrés, pour qu'on les aplanisse autant que possible, afin que les délégations deviennent de plus en plus utiles aux intérêts de la classe ouvrière.

# CONCLUSIONS

## TENDANTES A LA FORMATION D'UNE CHAMBRE SYNDICALE

L'organisation du travail en Angleterre nous paraît beaucoup plus satisfaisante qu'en France; on prend toujours le temps nécessaire pour la durée de la construction, ce qui permet de faire toujours bien.

L'ouvrier anglais traite d'égal à égal avec son patron; la durée de son travail est limitée à dix heures par jour, à l'exception du samedi, dont la durée est fixée à huit heures sans réduction de prix. Quelle que soit la quantité de travaux dans l'atelier, on ne se départ pas du principe établi. L'usage est de commencer à telle heure, quitter à telle autre, faire trois repas ou goûters dans l'intervalle; je commence à l'heure dite, je fais mes trois repas, et je quitte à l'heure convenue.

En France, la durée de la construction n'a rien de fixe. Pour faire une voiture convenablement établie, il faut trois mois; la voulez-vous en deux, vous l'aurez; la voulez-vous en un et même en moins, on vous la fait cependant. Si, raisonnablement, il faut trois mois pour construire une voiture, comment peut-on la faire en moins d'un mois? Cela tient-il à l'habileté du constructeur, des ouvriers qui y sont employés? Certes, une bonne direction accélère le travail; mais quand nous avons dit qu'il fallait trois mois pour la construction, nous avons entendu que les travaux seraient bien conduits. Quant à l'habileté des ouvriers, comme il y en a toujours un certain nombre d'employés, le plus ou moins d'habileté des uns se trouve confondu avec les autres et influe peu sur la durée de la construction. Comme nous l'avons dit, si la direction est bonne, elle mettra un homme en plus au groupe le moins habile, et par ce fait établira un équilibre. Y a-t-il donc mystère ? Pas le moins du monde : on fait un mauvais travail, pas autre chose ; on use l'ouvrier en épuisant ses forces par un travail d'une durée excessive, sans interruption, pas même le dimanche ; on fait un mauvais travail qui a pour conséquence de tuer l'industrie du pays en mécontentant le consommateur.

C'est ainsi qu'en France l'industrie de la carrosserie se divise en deux catégories : la bonne et la mauvaise ; et lorsque nous disons que la carrosserie française égale la carrosserie anglaise, nous sommes obligés de faire abstraction de cette pacotille que livrent journellement au public des fabricants peu soucieux de leur réputation, pensant que cela doit leur rapporter beaucoup, oubliant que cette concurrence est illicite, car elle a pour conséquence funeste la ruine de la plupart d'entre eux ou celle de leurs fournisseurs, quand ce n'est pas l'une et l'autre.

Qui est-ce qui paye la plus forte part de ce déchet? L'ouvrier, parce qu'il est le principal instrument dont se sert le fabricant pour soutenir la concurrence. Si le fabricant pouvait ne pas payer de main-d'œuvre, il aurait résolu son grand problème : Tout au capital, rien au producteur. Ne pouvant s'en passer, il le réduit au chiffre le plus bas possible ; et comme ce chiffre a pour base la somme nécessaire pour vivre bien ou mal, il paye peu et offre pour compensation de faire durer le travail plus longtemps. L'ouvrier accepte par nécessité, souvent pour satisfaire aux devoirs de la famille, nous pourrions même dire aux exigences de la loi, qui veut que le père donne assistance à l'enfant, et le fils assistance au père devenu vieillard. Loin de blâmer ce principe, nous le reconnaissons comme un principe divin, auquel tout homme de cœur doit se soumettre. Il est à regretter que le législateur ne se soit pas encore occupé de fournir au père les moyens d'élever son enfant, et au fils les moyens de soutenir son père devenu vieillard. Partant de là, il n'y a plus d'arrêt, tous les moyens sont bons pour obtenir le salaire de l'ouvrier ; on spécule sur ses besoins. Il est à remarquer que plus les besoins d'un ouvrier sont grands, moins il gagne, parce qu'il craint le chômage, parce que le chômage c'est la misère, la misère pour lui et les siens. La journée est-elle de dix heures; on fait une heure, deux heures en plus, on y ajoute le travail du dimanche. Tous ces moyens réunis donnent à l'ouvrier de quoi vivre en ne lui supposant pas d'accidents. Qu'un nouvel ouvrier entre pendant cette période de travaux, le prix sera basé sur la somme à laquelle doit se monter sa paye et non sur la journée de durée ordinaire. Quand l'atelier est ainsi établi, supprimez subitement, soit par manque de travaux ou toute autre cause, les heures en plus et le travail du dimanche, et vous aurez un salaire réduit à sa plus simple expression, c'est-à-dire bien au-dessous des besoins de l'ouvrier, et le patron pourra vous dire encore : *Vous êtes bien heureux, vous faites votre journée.*

Cette combinaison d'heures en plus n'est employée ici que comme citation, car il y en a d'autres qui tendent au même but dans certaines manières de donner le travail aux pièces. Par exemple, l'ouvrier entreprend un travail moyennant un prix convenu à l'avance ; pendant l'exécution, ému par le désir de gagner plus d'argent, son intelligence lui suggère une idée, un mode d'exécution qui doit donner plus d'accélération au travail ; ce n'est pas lui qui va jouir des bénéfices de cette idée, c'est le patron qui, le travail fait, s'en empare, se l'approprie et réduit le salaire en conséquence.

Et si, s'apercevant que le prix de cette journée, réduite par une combinaison habile du patron, ne lui permet plus de vivre sans faire de dettes; s'il entend réclamer, c'est à prendre ou à laisser; il faut qu'il donne son travail à vil prix ou qu'il subisse la conséquence du chômage occasionné par la surabondance d'ouvriers carrossiers, chômage qui, comme nous l'avons dit, peut le réduire aux dernières extrémités ; et si plusieurs ouvriers du même atelier se trouvent sous le même coup, qu'ils ne se concertent pas, ils tomberaient sous le coup de la loi sur la coalition, qui les enlèverait à leur famille pour un temps plus ou moins long, et risqueraient d'être frappés d'interdiction dans un grand nombre d'ateliers, comme perturbateurs. Pour éviter cela, il lui faut subir toutes les conséquences de l'exploitation, et rien n'est

pour lui ; il ne peut invoquer aucun article de la loi ; partout, e:
face de lui, il voit écrit en gros caractère : punition.

Veut-on invoquer ce grand principe économique, qui dit que l
prix de chaque chose a pour base l'offre et la demande? Si l'ouvrier gagnait un salaire suffisant pour faire des économies qui l
missent à même de supporter un chômage plus ou moins long
il pourrait jouir en partie de ce principe en faisant comme l
commerçant, qui, lorsque la marchandise est bon marché, n'er
livre qu'une faible partie au commerce, tout en en conservan
une notable, pour ne la livrer qu'à un moment de hausse ; mai:
l'ouvrier qu'on entretient dans un état de gêne continuelle
sans qu'il puisse s'en affranchir, se trouve toujours dans cette
nécessité pénible de s'offrir quand même. Les patrons ont de:
chambres de commerce syndicales, où ils s'occupent de leurs
intérêts ; l'isolement leur est préjudiciable, ils s'associent er
vertu de la loi. Chez l'ouvrier, l'isolement le tue; en s'associant.
il commet un délit prévu par la loi; n'ayant pas la liberté d'action, il se trouve en dehors de ces principes. — Ne sait-on
pas que ces mouvements de hausse et de baisse sont dus souvent
à des combinaisons de capitalistes, et par ce échappent au
grand principe économique ?

Qu'est donc l'ouvrier dans tout cela? Un atome perdu dans un
tourbillon de poussière, qu'on retrouve, quand le vent est *apaisé*,
sous la pression du patron.

Veut-on savoir quels résultats nous obtenons de ce système
rigoureux qui régit l'ouvrier en France? Voyez-le jeune, il lutte
avec la misère jusqu'à ce qu'il ait *acquis* assez de connaissance
dans sa partie pour obtenir une journée qui le fasse vivre. N'ayant
aucun appui, aucun encouragement à bien faire, il vit au jour le
jour, et quand le chômage arrive, n'ayant pas d'économies, il
fait sans scrupule des dettes; il devient insouciant ou bien il
acquiert un caractère aigre; il vit dans un mécontentement con-
tinuel qui l'amène graduellement à devenir l'ennemi de celui qui
possède et celui de ses camarades; devenu vieux, il mendie.

En Angleterre, il y a liberté pleine et entière chez l'ouvrier
comme chez le patron. Les ouvriers peuvent faire grève, pourvu

qu'ils n'insultent personne et ne fassent aucun dégât ; ils traitent avec le patron directement, règlent leurs conditions, invitent leurs collègues à les imiter, ouvrent des souscriptions, tant dans la ville qu'au dehors, pour soutenir la grève ; l'autorité n'intervient pas, et qui est-ce qui souffre de cette grande liberté ? Le commerce ? Qui peut nier la beauté de son organisation, la régularité avec laquelle il se fait, la supériorité dont il jouit ? Est-ce l'ouvrier ? Nous le voyons jouissant de l'organisation d'un travail rationnel, gagnant une journée bien supérieure à la nôtre, comme on peut s'en rendre compte par les chiffres suivants que nous tenons de plusieurs maîtres carrossiers.

Le prix de la journée est :

|  | En Angleterre. | | | | En France. | | | |
|---|---|---|---|---|---|---|---|---|
| Charrons. . . . . . . | de 8 f. | » c. | à 15 f. | » c. | de 3 f. 50 c. | | à 7 f. | » c. |
| Forgerons. . . . . . | de 12 | » | à 16 | » | de 4 | » | à 8 | » |
| Limeurs. . . . . . . | de 8 | » | à 10 | » | de 3 | 50 | à 5 | » |
| Tireurs de soufflets. | de 5 | » | à 6 | » | de 2 | 50 | à 3 | 50 |
| Selliers. . . . . . . | de 6 | 60 | à 8 | 75 | de 3 | » | à 5 | 50 |

Admettons que la dépense de l'ouvrier anglais s'élève environ à un franc de plus que celle de l'ouvrier français, ce qui est exagéré, et nous aurons encore une différence très-notable.

Nous proposons un moyen qui, nous en sommes convaincus, amènerait l'extinction des grèves : nous demandons qu'il plaise au gouvernement d'autoriser notre corporation à fonder une chambre corporative composée d'ouvriers nommés à l'élection, comprenant les corps principaux composant la carrosserie, dont chacun fournirait un nombre de membres proportionné à son importance.

Dès sa formation, cette chambre établirait la position de l'ouvrier, ses charges, ses ressources, son avenir ; elle étudierait les moyens à employer pour le faire profiter des institutions de prévoyance fondées par l'État, telles que la caisse d'épargne, la caisse de retraite pour la vieillesse, inabordable pour la presque totalité des ouvriers ; elle recevrait les demandes qui lui seraient régulièrement adressées, se concerterait avec la chambre syndicale des patrons pour ce qui les concerne. En cas de dissidence entre les deux chambres, les affaires seraient renvoyées devant une juridiction désignée. De cette façon, l'ouvrier ayant quelqu'un pour l'écouter, lui faire droit s'il y a lieu, le ramener s'il est égaré, n'aurait plus de motif pour quitter l'atelier et organiser une grève en risquant sa liberté, car il est douloureux de penser que c'est à ce moyen violent que les ouvriers carrossiers doivent les quelques améliorations obtenues; la force a fait loi : on ne leur a rien concédé, ils ont pris par la force de la volonté. De tels moyens ne doivent plus être employés sous un Gouvernement qui s'occupe avec tant de sollicitude des classes ouvrières.

BONMAMY, délégué charron, 9, rue Bizet;
FALGUIÈRES, délégué sellier, 28, rue du Chevaleret;
GOURON aîné, délégué charron, 45, rue de Chaillot;
PRUNGNAUD, délégué sellier, 27, rue de Ponthieu;
SILVESTRE, 14, délégué forgeron, rue Porte-Foin;
SUTEAU, délégué forgeron, 184, rue Saint-Dominique-Saint-Germain.

Paris, le 11 décembre 1862.

944. — Paris. Imp. Poupart-Davyl et Comp., rue du Bac, 30.